AF453484

CATALOGUE

DES PLANTES

DU JARDIN BOTANIQUE

DE BESANÇON.

CATALOGUE

DES PLANTES

DU JARDIN BOTANIQUE

ÉTABLI A BESANÇON,

DÉPARTEMENT DU DOUBS,

*Par J. F. Nicolas MOREL,
Professeur de Botanique, sous les
auspices des Magistrats de cette ville,
l'an 1805, 13ᵉ de la République,
et 1ᵉʳ de l'Empire français.*

A BESANÇON,

De l'Imprimerie DE LA VEUVE DACLIN.

An XIII.

J. F. N. MOREL,

Professeur de Botanique,

Aux Professeurs de botanique, aux Cultivateurs pépinéristes et à ses correspondans.

Nous avons l'honneur d'offrir le Catalogue des plantes qui composent le jardin de botanique que nous venons d'établir à Besançon, Département du Doubs, sous les auspices des premiers Magistrats, de cette ville, dont la protection et la bienveillance nous ont rendu légers les sacrifices qu'il nous a fallu faire pour mettre en état de culture un cloaque infect et mal sain, réceptacle des immondices de la ville, et dont les exhalaisons putrides nuisoient aux habitans, et dégradoient la promenade de Chamars qu'il borde au levant. Il en fait au contraire l'ornement depuis qu'il est transformé en jardin, dont l'établissement s'est fait en peu de temps, et qui offroit déjà l'année dernière un coup d'œil agréable par le bel état de végétation des plantes qu'il contenoit.

Nos correspondances dans les différentes parties de la France, et des régions étrangères que j'ai parcourues, nous mettent à portée de pouvoir compter dès à présent trois mille espèces ou variétés dont les plus intéressantes sont multipliées, et nous espérons nous enrichir chaque année par le zèle, l'activité et la complaisance de nos correspondans dont nous ne pouvons assez louer la manière d'agir. Mais que ne devons-nous pas sur-tout aux célèbres Jussieu, Desfontaines et Lamark, dont nous avons suivi pendant cinq ans les intéressantes leçons! nous leur vouons une éternelle reconnoissance, ainsi qu'à messieurs Thouin, dont les sages conseils nous ont guidé dans la culture, et qui ont contribué d'une manière si délicate à l'augmentation de notre collection; qu'ils daignent continuer, nous les en prions, de nous honorer de leur bienveillance.

Nous pouvons donc offrir aux personnes qui voudront bien correspondre

avec nous, des graines, oignons, dra-
geons, œilletons, ou jeunes plantes de
la plûpart des végétaux portés en notre
catalogue. Il est même certaines espèces
intéressantes dont nous avons fait des semis
considerables, et que nous pouvons offrir
en plus grande quantité.

Notre position voisine de la Suisse nous
permet d'y faire par an, deux herbori-
sations pour y recueillir des graines, des
espèces vivantes et des échantillons des
végétaux qui y croissent. Mon épouse,
compagne de mes études et qui partage
mes goûts pour la Botanique, cette science
utile et aimable que cultive avec plaisir
cette portion intéressante de l'humanité,
se charge de la dessication des plantes et
de la correspondance pour l'herbier. Enfin,
nous mettrons tout le zèle et le désinté-
ressement dont nous sommes susceptibles,
pour entretenir avec les personnes qui
voudront bien nous en honorer, une correspondance active et utile.

Les lettres doivent être adressées, fran-
ches de port, à M. Morel, au Jardin

viij

botanique de Chamars, a Besançon, Département du Doubs.

Nous invitons aussi nos correspondans à éviter, autant que possible, les frais de transport par les diligences, en se servant du roulage pour les ballots conséquens.

<hr>

E R R A T A.

Page 13, dernière ligne, 331 atamaseo; *lisez* atamasco.

CATALOGUE
DES PLANTES
DU JARDIN BOTANIQUE
DE BESANÇON.

CLASSIS PRIMA.

Les plantes de cette classe étant la plûpart
très-communes, et difficiles à conserver dans
les jardins, nous n'avons mis ici que celles
du quatrième ordre, les Nayades, qui, comme
toutes les autres plantes aquatiques, seront
placées dans le bassin du jardin; notre herbier,
où les courses d'herborisation nous procure-
ront la connoissance des autres ordres, les
champignons, les algues, les mousses et les
parasites.

ACOTYLEDONES.

Ordo 4. Les Nayades.

Myriophyllum   1 spicatum.
                2 verticillatum.

A

(2)

Ceratophyllum	3 submersum.
Callitriche	4 verna.
Trapa	5 natans.
Menyanthes	6 trifoliata.
	7 nymphoïdes.

CLASSIS 2. MONOCOTYLEDONES.

ORDO 1. Filices.

Osmunda	8 regalis.
	9 spicant.
Acrosticum	10 septentrionale.
Asplenium	11 scolopendrium.
	12 ceterac.
	13 ruta-muraria.
Trichomanes	14 canariensis.
Adianthum	15 capillus veneris.
	16 pedatum.
Polypodium	17 vulgare.
	18 cambricum.
	19 aureum.
	20 filix mas.
	21 filix fœmina.
	22 cristatum.
	23 aculeatum.
Blechnum	24 occidentale.
Pteris	25 aquilina.
	26 longifolia.

CLASSIS 2. ORDO 2. Palmæ.

| Chamœrops | 27 humilis. |

Sabal	28 carolinianum.
Phœnix	29 dactylifera.

C L A S S I S 2.　O R D O 3.　Gramineæ.

Oryza	30 sativa.
Alopecurus	31 monspeliensis.
	32 pratensis.
Phleum	33 nodosum.
Phalaris	34 bulbosa.
	35 paradoxa.
	36 picta.
	37 arundinacea.
Paspalum	38 stoloniferum.
Milium	39 paradoxum.
	40 effusum.
Agrostis	41 calamagrostis.
Stipa	42 pennata.
	43 juncea.
Saccharum	44 officinarum.
Andropogon	45 schænanthus.
Holcus	46 spicatus.
	47 saccharatus.
	48 sorghum.
	49 s. album.
	50 s. nigricans.
	51 halepensis.
Panicum	52 italicum.
	53 miliaceum.
	54 arborescens.

	84	cristatum.
	85	polonicum.
	86	spetta.
	87	repens.
Bromus	88	secalinus.
	89	arvensis.
	90	distachion.
	91	sylvaticus.
	92	inermis.
Festuca	93	duriuscula.
	94	bromoïdes.
	95	heterophylla.
	96	ovina.
	97	glauca.
	98	fluitans.
Poa	99	pratensis.
	100	aquatica.
	101	compressa.
	102	cynosuroïdes.
	103	rigida.
	104	sicula.
	105	cristata.
Briza	106	maxima.
	107	media.
	108	minor.
Uniola	109	paniculata.
Avena	110	sativa.
	111	s. alba.
Arundo	112	donax.

A 3

113 d. variegata.
114 bambos.
115 phragmites.

Nardus   116 stricta.
Lygœum   117 spartum.
Zea   118 maïs.
Coix   119 lacryma.
     120 arundinacea.

CLASSIS 2. ORDO 4. Cyperoïdeæ.

Schœnus   121 holoschænus.
     122 nigricans.
Cyperus   123 papyrus.
     124 longus.
     125 esculentus.
     126 flabelliformis.
Scirpus   127 palustris.
     128 sylvaticus.
Carex   129 acuta.
     130 muricata.
     131 pseudocyperus.
     132 flava.
     133 plantaginea.
     134 sylvatica.

CLASSIS 2. ORDO 5. Spargania.

Typha   135 latifolia.
     136 angustifolia.
Sparganium   137 erectum.
     138 natans.

Cʟᴀssɪs 2. Oʀᴅᴏ 6. Zanichelliæ.

Saururus	139 cernuus.
Piper	140 medium.
	141 pereskioïdes.
	142 blendum.
Potamogeton	143 perfoliatum.
	144 natans.
	145 pectinatum.
Zanichellia	146 palustris.

Cʟᴀssɪs 2. Oʀᴅᴏ 7.

Lemna	147 minor.
Arum	148 esculentum.
	149 sagittæfolium.
	150 vulgare.
	151 dracunculus.
	152 bicolor.
	153 virginicum.
	154 arisarum.
Calla	155 œthiopica.
Dracuntium	156 pertusum.
Acorus	157 calamus.

CLASSIS 3. Mᴏɴᴏᴄᴏᴛʏʟᴇᴅᴏɴᴇs.

Oʀᴅᴏ 1. Junci.

Butomus	158 umbellatus.
Alisma	159 plantago.
	160 damasonium.
Sagittaria	161 sagittæfolia.

A 4

CLASSIS 3. ORDO 2. Liliaceæ.

	189 augustifolia.
	190 torminalis.
Dianella	191 ensifolia.
Asparagus	192 officinalis.
	193 sativa.
	194 capensis.
	195 acutifolius.
Convallaria	196 maïalis.
	197 m. flore pleno.
	198 polygonatum.
	199 japonica.
Lilium	200 candidum.
	201 c. flore pleno.
	202 c. flore maculato.
	203 bulbiferum.
	204 croceum.
	205 pomponium.
	206 martagon.
	207 chalcedonicum.
	208 superbum.
	209 pyrenaïcum.
Fritillaria	210 imperialis.
	211 imp. flore luteo.
	212 imp. flore luteo pleno.
	213 imp. flore rubro pleno.
	214 imp. folio variegato.
	215 regia.
	216 punctata.
	217 persica.

	218 meleagris.
Erythronium	219 dens canis.
Tulipa.	220 gesneriana.
	221 sylvestris.
Yucca	222 gloriosa.
	223 aloifolia.
Asphodelus	224 luteus.
	225 ramosus.
	226 spicatus.
	227 fistulosus.
Anthericum	228 ramosum.
	229 liliago.
	230 liliastrum.
	231 frutescens.
Aletris	232 capensis.
	233 zeilanica.
	234 guineensis.
	235 flagrans.
	236 uvaria.
Pitcairnia	237 bromeliæfolia.
	238 nova species.
Aloë	239 vulgaris.
	240 soccotrina
	241 fruticosa.
	242 mitræformis.
	243 m. angustior.
	244 perfoliata.
	245 p. angustifolia.
	246 p. brevissima.

247 humilis.
248 maculata.
249 m. major.
250 picta.
251 variegata.
252 disticha.
253 d. triangularis.
254 d. latifolia.
255 d. verrucosa.
256 plicatilis.
257 spiralis.
258 retusa.
259 viscosa.
260 obliquata.
261 margaritifera.
262 m. pumila.
263 atrovirens.

Allium 264 cepa.
265 schœnoprasum.
266 lusitanicum.
267 flavum.
268 vineale.
269 ascalonicum.
270 obliquum.
271 porrum.
272 victoriale.
273 subhirsutum.
274 sativum.
275 scorodoprasum.

	276 carinatum.
	277 spherocephalum.
	278 senescens.
	279 nutans.
	280 moly.
	281 roseum.
	282 ursinum.
Albuca	283 major.
Ornithogalum	284 luteum.
	285 pyrenaicum.
	286 album.
	287 narbonense.
	288 umbellatum.
	289 pyramidale.
	290 longibracteatum.
	291 long. folio variegato.
	292 albucoïdes.
Scilla	293 maritima.
	294 peruviana.
	295 p. alba.
	296 amœna.
	297 italica.
	298 lilio-hyacinthus.
	299 umbellata.
	300 undulata.
	301 hyacinthoïdes.
	302 autumnalis.
	303 bifolia.
Hyacinthus	304 non scriptus.

305 amæthysteus.
3o6 serotinus.
307 orientalis.
308 muscari.
309 monstruosus.
310 comosus.
311 racemosus.
312 viridis.

Polyanthes   313 tuberosa.
314 t. flore pleno.
Alstroemeria   315 pelegrina.
316 ligta.
Hemerocallis   317 flava.
318 fulva.
319 cordata.

Classis 3. Ordo 3. Narcissi.

Agave   320 americana.
321 a. variegata.
322 mexicana.
323 m. angustifolia.
324 fœtida.
Hæmanthus   325 coccineus.
Crinum   326 asiaticum.
327 africanum.
328 zeilanicum.
329 americanum.
Amaryllis   330 lutea.
331 atamaseo.

	332 formosissima.
	333 reginæ.
	334 æstivalis.
	335 belladona.
	336 longifolia.
	337 undulata.
	338 crispa.
	339 belladona.
	340 sarniensis.
	341 africana.
Narcissus	342 poeticus.
	343 p. biflorus.
	344 pseudo-narcissus.
	345 hispanicus.
	346 h. biflorus.
	347 tazetta.
	348 t. alba.
	349 bulbocodium.
	350 jonquilla.
	351 j. flore pleno.
	352 nova species.

CLASSIS 3. ORDO 4. Irides.

Sisyrinchium	353 bermudiana.
	354 b. major.
	355 reticulatum.
Ferraria	356 undulata.
	357 pavonina.
Iris	358 susiana.

359 florentina.
360 germanica.
361 swertii.
362 aphylla.
363 pumila.
364 squalens.
365 variegata.
366 pseudo-acorus.
367 verna.
368 fœtidissima.
369 sibirica.
370 ochro-leuca.
371 spuria.
372 graminea.
373 xyphium.
374 persica.
375 tuberosa.
376 sysirinchium.
Morœa 377 irioïdes.
378 fimbriata.
Ixia 379 crocata.
380 bulbifera.
381 chinensis.
Wachendorfia 382 paniculata.
Gladiolus 383 communis.
384 plicatus.
385 tristis.
386 angustus.
387 africanus.

Antholyza   388 œthiopica.
             389 ringens.
Crocus   390 vernus.
             391 sativus.

CLASSIS 4. MONOCOTYLEDONES.

ORDO 1. Musæ.

Hipoxis   392 erecta.
             393 pilosa.
Leucoium   394 vernum.
             395 æstivum.
Galanthus   396 nivalis.
             397 n. flore pleno.
Bromelia   398 ananas.
             399 karatas.
Musa   400 sapientum.
             401 paradisiaca.

CLASSIS 2. ORDO 2. Cannæ.

Canna   402 indica.
             403 ind. rutila.
             404 ind. punctata.
             405 glauca.
             406 angustifolia.
Amomum   407 zingiber
             408 zerumbet.
             409 cardamomum.
Curcuma   410 longa.
Kæmpferia   411 galanga.

CLASSIS 4. ORDO 3. Orchideæ.

Orchis	412 bifolia.
	413 latifolia.
	414 pyramidalis.
	415 militaris.
	416 conopsea.
Satyrium	417 hircinum.
	418 viride.
Ophrys	419 nidus avis.
	420 ovata.
	421 insectifera.
Serapias	422 latifolia.
	423 rubra.
Limodorum	424 tuberosum.
	425 tankarvillæ.
Cypripedium	426 calceolatum.

CLASSIS 5. DICOTYLEDONES APETALES,

ORDO 1. Aristolochiæ.

Aristolochia	427 sempervirens.
	428 pistolochia.
	429 rotunda.
	430 serpentaria.
	431 sypho.
	432 clematis.
Asarum	433 europæum.
	434 canadense.

CLASSIS 6. DICOTYLEDONES APETALES.

ORDO 1. Elæagni.

Osyris	435 alba.	B

Hypophaë	436 rhamnoïdes.
Elœagnus	437 angustifolia.
	438 orientalis.
Nyssa	439 aquatica.
	440 montana.

Classis 6. Ordo 2. Thymeleæ.

Dirca	441 palustris.
Daphne	442 mezereum.
	443 m. album.
	444 alpina.
	445 indica.
	446 laureola.
	447 cneorum.
	448 gnidium.
	449 tartonraira.
Passerina	450 hirsuta.
Thesium	451 linophyllum.

Classis 6. Ordo 3. Sanguisorbæ.

Alchemilla	452 vulgaris.
	453 hybrida.
	454 pentaphylla.
	455 alpina.
Aphanes	456 arvensis.
Cliffortia	457 ilicifolia.
Ancistrum	458 lucidum.
Poterium	459 sanguisorba.
	460 spinosum.
Sanguisorba	461 officinalis.

	462 media.
	463 canadensis.
Adoxa	464 moschatellina.

Classis 6. Ordo 4. Illecebræ.

Scleranthus	465 perennis.
Herniaria	466 glabra.
	467 hirsuta.
	468 lenticulata.
Illecebrum	469 verticillatum.
	470 paronichia.

Classis 6. Ordo 5. Polygoneæ.

Polygonum	471 aviculare.
	472 fagopyrum.
	473 tartaricum.
	474 scandens.
	475 bistorta.
	476 hydropiper.
	477 persicaria.
	478 orientale.
	479 pensylvanicum.
	480 divarigatum.
Atraphaxis	481 spinosa.
Rumex	482 lunaria.
	483 arifolius.
	484 acetosa.
	485 luxurians.
	486 scutatus.

	487 roseus.
	488 pulcher.
	489 sanguineus.
	490 crispus.
	491 patientia.
	492 undulatus.
Rheum	493 rhaponticum.
	494 compactum.
	495 undulatum.
	496 ribes.
	497 palmatum.
Basella	498 rubra.
	499 alba.
	500 cordata.
Telephium	501 imperati.
Camphorosma	502 monspeliensis.

CLASSIS 6. ORDO 6. Atriplices.

Salsola	503 fruticosa.
	504 tragus.
	505 soda.
	506 hirsuta.
	507 rosacea.
Spinacia	508 oleracea.
	509 lævis.
Beta	510 vulgaris.
	511 rubra.
	512 cicla.
Chenopodium	513 bonus henricus.

	514	album.
	515	ambrosioïdes.
	516	vulvaria.
	517	scoparia.
	518	anthelminthicum.
	519	botrys.
	520	hybridum.
Atriplex	521	halimus.
	522	portulacoïdes.
	523	hortensis.
	524	rubra.
	525	ruberrima.
	526	rosea.
	527	lucida.
Axiris	528	hybrida.
Blitum	529	virgatum.
	530	capitatum.
Salicornia	531	fruticosa.
Corispermum	532	squarrosum.
Petiveria	533	alliacea.
Rivina	534	humilis.
	535	lævis.
	536	octandra.
Phytolacca	537	octandra.
	538	decandra.
	539	icosandra.
	540	dioica.
	541	dodecandra.

CLASSIS 7. DICOTYLEDONES APETALES.

ORDO 1. Jalappæ.

Bosea	542 yervamora.
Pisonia	543 aculeata.
Mirabilis	544 jalappa.
	545 lutea.
	546 variegata.
	547 longiflora.
	548 viscosa.
Boerrhaavia	549 scandens.

CLASSIS 7. ORDO 2. Amaranthi.

Amaranthus	550 melancholicus.
	551 tricolor.
	552 lividus.
	553 candatus.
	554 viridis.
	555 blitum.
Celosia	556 argentea.
	557 trigyna.
	558 cristata.
	559 coccinea.
Gomphrena	560 globosa.
	561 frutescens.
Iresine	562 celosioides.
Achyranthes	563 argentea.
	564 fruticosa.

CLASSIS 7. ORDO 3. Plantagines.

Plantago	565 psyllium.
	566 cynops.
	567 cucullata.
	568 media.
	569 lanceolata.
	570 crassifolia.
	571 coronopus.

CLASSIS 7. ORDO 4. Plumbagines.

Plumbago	572 europæa.
	573 scandens.
	574 s. latifolia.
	575 rosea.
Statice	576 monopetala.
	577 limonium.
	578 cordata.
	579 crispa.
	580 armeria.
	581 lusitanica.

CLASSIS 8.

DICOTYLEDONES MONOPETALES.

ORDO 1. Lysimachiæ.

Protea	582 glauca.
Globularia	583 vulgaris.
	584 alypum.
	585 salicifolia.
Limosella	586 aquatiqua.

Anagallis	587 arvensis.
Lysimachia	588 vulgaris.
	589 ephemera.
	590 ciliata.
	591 nemorum.
	592 nummularia.
Hottonia	593 palustris.
Androsace	594 maxima.
	595 elongata.
	596 septentrionalis.
Primula	597 veris.
	598 acaulis.
	599 argentea.
	600 auricula.
	601 farinosa.
	602 cortusoïdes.
Aretia	603 vitaliana.
	604 alpina.
Cortusa	605 mathioli.
Dodecatheon	606 meadia.
Cyclamen	607 europæum.
	608 persicum.
	609 orientale.
Soldanella	610 alpina.
Coris	611 monspeliensis.
Trientalis	612 europæa.
Browalia	613 demissa.
	614 elata.

CLASSIS 8. ORDO 2. Veronicæ.

Sibthorpia	615 europæa.
Disandra	616 prostrata.
Erinus	617 alpinus.
Euphrasia	618 officinalis.
	619 lutea.
	620 odontites.
	621 linifolia.
Pedicularis	622 palustris.
Rhinanthus	623 crista galli.
Melampyrum	624 arvense.
	625 cristatum.
	626 pratense.
	627 sylvaticum.
Hebenstretia	628 dentata.
Polygala	629 vulgaris.
	630 chamæbuxus.
	631 myrthifolia.
Lindernia	632 pixidaria.
Veronica	633 vrginiana.
	634 spuria.
	635 maritima.
	636 longifolia.
	637 incana.
	638 spicata.
	639 sibirica.
	640 pinnata.

641 hybrida.
642 officinalis.
643 fruticulosa.
644 decussata.
645 serpillifolia.
646 beccabunga.
647 teucrium.
648 chamædrys.
649 pinnatifida.
650 multifida.
651 arvensis.
652 agrestis.
653 hederacea.

CLASSIS 8. ORDO 3. Acanthi.

Calceolaria	654 pinnata.
Justitia	655 adathoda.
	656 echolium.
	657 hyssopifolia.
	658 gandarussa.
	659 peruviana.
	660 coccinea.
Dianthera	661 malabarica.
Ruellia	662 blechnum.
	663 lactea.
	664 tuberosa.
	665 ovata.
Azima	666 tetracantha.
Acanthus	667 spinosus.

668 mollis.
669 spinosissimus.

CLASSIS 8. ORDO 4. Bignoniæ.

Dodartia	670 orientalis.
Mimulus	671 aurantiacus.
Capraria	672 biflora.
Scoparia	673 dulcis.
Martynia	674 annua.
	675 perennis.
Bignonia	676 catalpa.
	677 pentaphylla.
	678 quercus.
	679 crucigera.
	680 unguis.
	681 capreolata.
	682 radicans.
	683 r. minor.
	684 stans.
Sesamum	685 orientale.
Gratiola	686 officinalis.

CLASSIS 8. ORDO 5. Scrophulariæ.

Digitalis	687 ferruginea.
	688 purpurea.
	689 lutea.
	690 ambigua.
Anthirrinum	691 versicolor.
	692 cymbalaria.
	693 elatine.

694 spurium.
695 monspesullanum.
696 linaria.
697 majus.
698 m. latifolium.
699 oruntium.
700 asarina.
701 triphyllum.
Chelone   702 glabra.
703 obliqua.
704 campanulata.
705 barbata.
Scrophularia   706 aquatica.
707 nodosa.
708 sambucifolia.
709 orientalis.
710 vernalis.
711 peregrina.
712 lucida.
713 frutescens.
Spigelia   714 anthelmintica.
Celsia   715 arcturus.
716 cretica.
Hemitomus   717 fruticosus.
Verbascum   718 thapsus.
719 lychnitis.
720 undulatum.
721 blattaria.

CLASSIS 8. ORDO 6. Solaneæ.

Hyosciamus	722	niger.
	723	albus.
	724	aureus.
	725	pusillus.
	726	physaloïdes.
Nicotiana	727	tabacum.
	728	fruticosa.
	729	rustica.
	730	glutinosa.
	731	paniculata.
Datura	732	stramonium.
	733	ferox.
	734	tatula.
	735	metel.
	736	fastuosa.
	737	lævis.
	738	arborea.
Nolana	739	prostrata.
Atropa	740	mandragora.
	741	physaloïdes.
	742	belladona.
	743	frutescens.
	744	arborescens.
	745	solanacea.
Physalis	746	somnifera.
	747	viscosa.
	748	solanacea.

Solanum

749 pensylvanica.
750 alkekengi.
751 arborescens.
752 lycopersicum.
753 pseudo-lycopersicum.
754 dulcamara.
755 peruvianum.
756 crassifolium.
757 quercifolium.
758 corymbosum.
759 radicans.
760 nigrum.
761 villosum.
762 virginicum.
763 tuberosum.
764 reclinatum.
765 macrocarpon.
766 bonariense.
767 diphyllum.
768 pseudo-capsicum.
769 verbascifolium.
770 stipulaceum.
771 laurifolium.
772 melongena.
773 ovifera.
774 æthiopicum.
775 mammosum.
776 capsicoïdes.
777 sodomæum.

	778	triquetrum.
	779	fuscatum.
	780	sarmentosum.
	781	giganteum.
	782	marginatum.
	783	tomentosum.
	784	coccineum.
	785	igneum.
	786	aculeatissimum.
	787	pyracantha.
	788	acanthifolium.
	789	carolinianum.
Capsicum	790	conoïdeum.
	791	grossum.
	792	baccatum.
	793	frutescens.
	794	olivæforme.
	795	cerasiforme.
Lycium	796	afrum.
	797	barbarum.
	798	europæum.
Cestrum	799	nocturnum.
	800	diurnum.
	801	laurifolium.
	802	auriculatum.
	803	jamaïcense.
	804	parqui.
Crescentia	805	cujete.
Bontia	806	daphnoïdes.

CLASSIS 8.   ORDO 7.   Jasmina.

Jasminum	807 fructicans.
	808 humile.
	809 odoratissimum.
	810 azoricum.
	811 officinale.
	812 grandiflorum.
Nictantes	813 sambac.
Phyllirœa	814 angustifolia.
	815 lævis.
	816 media.
	817 latifolia.
Olea	818 europæa.
	819 buxifolia.
	820 odorata.
	821 americana.
Fontanesia	822 phylliræoïdes.
Chionanthus	823 virginicus.
Ligustrum	824 vulgare.
Syringa	825 vulgaris.
	826 v. purpurea.
	827 persica.
	828 p. laciniata.
	829 varini.

CLASSIS 8.   ORDO 8.   Verbenæ.

Budleja	830 globosa.
Duranta	831 plumerii.
	832 inermis.

Halleria

Halleria	833 lucida.
Cytharexisum	834 quadrangulare.
Volkameria	835 inermis.
Vitex.	836 agnus castus.
	837 albidus.
	838 negundo.
	839 alba.
	840 mexicana.
	841 argentea.
Calicarpa	842 americana.
Lantana	843 trifoliata.
	844 involucrata.
	845 camara.
	846 aculeata.
Verbena	847 capitata.
	848 triphylla.
	849 mexicana.
	850 jamaïcensis.
	851 aubletia.
	852 nodiflora.
	853 urticæfolia.
	854 paniculata.
	855 hastata.
	856 supina.
	857 bonariensis.
	858 officinalis.

CLASSIS 8. ORDO 9. Labiatæ

| Lycopus | 859 europæus. |
| | 860 pinnatifidus. |

G

Amethistea	861 cærulea.
Cunila	862 thymoïdes.
Ziziphora	863 capitata.
	864 tenuior.
Monarda	865 fistulosa.
	866 didyma.
	867 punctata.
	868 ciliata.
Rosmarinus	869 officinalis.
Salvia	870 pomifera.
	871 officinalis.
	872 offi. latifolia.
	873 offi. tricolor.
	874 offi. variegata.
	875 offi. tenuior.
	876 cretica.
	877 africana.
	878 paniculata.
	879 aurea.
	880 coccinea.
	881 pseudo-coccinea.
	882 formosa.
	883 scabiosa.
	884 pinnata.
	885 glutinosa.
	886 canariensis.
	887 pratensis.
	888 mexicana.
	889 sylvestris.

890 sclarea.
891 orientalis.
892 præcox.
893 æthiopis.
894 austria.
895 argentea.
896 indica.
897 fœtida.
898 ceratophylla.
899 bicolor.
900 ceratophylloïdes.
901 nubia.
902 urticæfolia.
903 nemorosa.
904 syriaca.
905 disermas.
906 nilotica.
907 bæmatodes.
908 viscosa.
909 verticillata.
910 ægyptiaca.
911 horminum.
912 h. rubens.
913 verbenaca.
914 viridis.
915 lyrata.
916 virgata.
917 clandestina.
918 hispanica.

C 4

	919 dominica.
	920 tiliæfolia.
	921 nutans.
	922 pendula.
Collinsonia	923 canadensis.
Ajuga	924 orientalis.
	925 genevensis.
	926 reptans.
Teucrium	927 bicolorum.
	928 frutescens.
	929 betonicum.
	930 abutiloides.
	931 campanulatum.
	932 chamæpithys.
	933 botrys.
	934 flavum.
	935 creticum.
	936 chamædrys.
	937 lucidum.
	938 marum.
	939 scordium.
Satureia	940 globosa.
	941 capitata.
	942 montana.
	943 hortensis.
Hyssopus	944 officinalis.
	945 nepetoïdes.
	946 bracteatus.
Nepeta	947 cataria.

948 pannonica.
949 nepetella.
950 nuda.
951 violacea.
952 crispa.
953 alba.
954 italica.
955 reticulata.
956 tuberosa.
957 pectinata.
958 multifida.

Perilla   959 ocymoïdes.
Lavandula   960 spica.
961 s. latifolia.
962 indica.
963 pinnata.
964 multifida.
965 elegans.
966 stæchas.

Sideritis   967 cretica.
968 incana.
969 canariensis.
970 syriaca.
971 perfoliata.
972 fœtida.
973 hirsuta.
974 scordioïdes.
975 romana.
976 montana.

	977 nigricans.
Mentha	978 sylvestris.
	979 incana.
	980 viridis.
	981 rotundifolia.
	982 crispa.
	983 aquatica.
	984 gentilis.
	985 sativa.
	986 piperita.
	987 pulegium.
	988 cervina.
Glechoma	989 hederacea.
Lamium	990 orvala.
	991 album.
	992 garganicum.
Galeopsis	993 tetrahit.
	994 galeobdolon.
	995 labdanum.
Betonica	996 officinalis.
	997 hirsuta.
	998 orientalis.
	999 alopecurus.
Stachys	1000 sylvatica.
	1001 palustris.
	1002 sibirica.
	1003 cretica.
	1004 germanica.
Ballota	1005 nigra.

Marrubium	1006 vulgare.
	1007 candidissimum.
	1008 hispanicum.
	1009 pseudo-dictamus.
Leonurus	1010 sibiricus.
	1011 crispus.
	1012 cardiaca.
	1013 tartaricus.
Phlomis	1014 fruticosa.
	1015 purpurea.
	1016 laciniata.
	1017 herba venti.
	1018 tuberosa.
	1019 leonurus.
	1020 zeilanica.
Molucella	1021 lævis.
	1022 spinosa.
Clinopodium	1023 vulgare.
	1024 incanum.
Origanum	1025 dictamus.
	1026 creticum.
	1027 vulgare.
	1028 ægyptiacum.
	1029 majorana.
Thymus	1030 serpillum.
	1031 vulgaris.
	1032 variegatus.
	1033 piperella.
	1034 virginicus.

Melissa	1035 officinalis.
	1036 offi. hirsuta.
	1037 grandiflora.
	1038 calamenta.
	1039 cretica.
Dracocephalum	1040 virginianum.
	1041 canariense.
	1042 peregrinum.
	1043 austriacum.
	1044 ruischiana.
	1045 sibiricum.
	1046 moldavicum.
	1047 canescens.
	1048 peltatum.
	1049 nutans.
	1050 thymiflorum.
Mellitis	1051 melissophyllum.
Plectranthus	1052 fruticosus.
Ocymum	1053 gratissimum.
	1054 americanum.
	1055 basilicum.
	1056 minimum.
Scutellaria	1057 lupulina.
	1058 alpina.
	1059 galericulata.
	1060 cretica.
Brunella	1061 vulgaris.
	1062 grandiflora.
	1063 hyssopifolia.

| Cleonia | 1064 lusitanica. |
| Prasium | 1065 majus. |

| CLASSIS 8. | ORDO 10. | Borragineæ. |

Heliotropum	1066 peruvianum.
	1067 europeum.
Echium	1068 vulgare.
	1069 creticum.
	1070 orientale.
	1071 fruticosum.
Lithospermum	1072 officinale.
	1073 arvense.
	1074 purpureo-cæruleum.
Pulmonaria	1075 angustifolia.
	1076 officinalis.
	1077 virginica.
	1078 sibirica.
Onosma	1079 echioïdes.
Symphytum	1080 tuberosum.
	1081 officinale.
Borrago	1082 officinalis.
	1083 orientalis.
	1084 indica.
	1085 africana.
Lycopsis	1086 arvensis.
	1087 nigricans.
Myosotis	1088 scorpioïdes.
	1089 palustris.
Anchusa	1090 angustifolia.

	1091 officinalis.
	1092 tinctoria.
	1093 sempervirens.
Asperugo	1094 procumbens.
Cynoglossum	1095 officinale.
	1096 offi. cæruleum.
	1097 apenninum.
	1098 montanum.
	1099 cheirifolium.
	1100 linifolium.
	1101 omphalodes.
Cerinthe	1102 major.
	1103 minor.
	1104 versicolor.
Messerchmidia	1105 arguzia.
	1106 fruticosa.
	1107 angustifolia.
Ellisia	1108 nyctelea.
Hydrophyllum	1109 virginianum.
	1110 canadense.
Varronia	1111 martinicensis.
Tournefortia	1112 arborescens.
Cordia	1113 sebestena.
Ehretia	1114 halimifolia.
	1115 tinifolia.

CLASSIS 8. ORDO 11. Convolvuli.

Convolvulus	1116 arvensis.
	1117 sepium.
	1118 Nil.

	1119 purpureus.
	1120 batatas.
	1121 hirsutus.
	1122 hermaniæfolius.
	1123 althæoïdes.
	1124 pentaphyllus.
	1125 persicus.
	1126 siculus.
	1127 cneorum.
	1128 lineatus.
	1129 cantabrica.
	1130 tricolor.
	1131 soldanella.
Ipomæa	1132 quamocli.
	1133 digitata.
	1134 coccinea.
	1135 bonanox
	1136 triloba.
Evolvulus	1137 alsinoïdes.
	1138 linifolius.
Frankenia	1139 lævis.
Polemonium	1140 cæruleum.
	1141 c. album.
	1142 reptans.
Phlox	1143 glaberrima.
	1144 paniculata.
	1145 pilosa.
	1146 caroliniana.
	1147 maculata.

C L A S S I S 8. O R D O 12. Gentianæ.

Chironia	1148 fruticosa.
Chlora	1149 perfoliata.
Swertia	1150 perennis.
Gentiana	1151 lutea.
	1152 purpurea.
	1153 asclepiadea.
	1154 pneumonanthe.
	1155 acaulis.
	1156 cruciata.
	1157 centaurium.
	1158 filiformis.

C L A S S I S 8. O R D O 13. Apocineæ.

Vinca	1159 minor.
	1160 variegata.
	1161 major.
	1162 rosea.
	1163 — alba.
Plumeria	1164 rubra.
	1165 alba.
Nerium	1166 oleander.
	1167 ol. album.
	1168 ol. flore pleno.
Stapelia	1169 variegata.
	1170 cristata.
	1171 hirsuta.
Cynanchum	1172 monspeliacum.
	1173 erectum.

Periploca	1174 græca.
	1175 indica.
Apocinum	1176 androsæmifolium.
	1177 venetum.
	1178 cannabinum.
Asclepias	1179 vincetoxicum.
	1180 nigra.
	1181 nivea.
	1182 curassavica.
	1183 incarnata.
	1184 syriaca.
	1185 fruticosa.

CLASSIS 8. ORDO 14. Sapotæ.

Myrsine	1186 africana.
Sideroxilum	1187 lycioïdes.
Chrysophyllum	1188 glabrum.
	1189 caïnito.

CLASSIS 9.

DICOTYLEDONES MONOPETALES.

ORDO 1. Diospyri.

Diospyros	1190 lotus.
	1191 virginiana.
	1192 kaki.
Royena	1193 lucida.
Styrax	1194 officinalis.
	1195 lævis.
Halesia	1196 tetraptera.

Classis 9. Ordo 2. Ericæ.

Vaccinium	1197 myrtillus.
	1198 pensylvanicum.
	1199 uliginosum.
	1200 glaucum.
	1201 vitis-idea.
	1202 occicoccos.
Gaultheria	1203 procumbens.
Arbutus	1204 unedo.
	1205 andrachne.
	1206 alpina.
	1207 uva-ursi.
Pyrola	1208 rotundifolia.
	1209 secunda.
Andromeda	1210 mariana.
	1211 serratifolia.
	1212 polifolia.
	1213 racemosa.
	1214 paniculata.
	1215 axillaris.
	1216 calyculata.
	1217 dabietii.
Erica	1218 tetralix.
	1219 cinerea.
	1220 vulgaris.
	1221 scoparia.
	1222 ciliaris.
	1223 arborea.

1224 multiflora.
1225 mediterranea.
1226 planifolia.
1227 carnea.

Classis 9. Ordo 3. Kalmiæ.

Rhododendron	1228 ferrugineum.
	1229 hirsutum.
	1230 ponticum.
	1231 maximum.
Rhodora	1232 canadensis.
Azalea	1233 viscosa.
	1234 glauca.
	1235 nudiflora.
	1236 coccinea.
	1237 pontica.
	1238 procumbens.
Kalmia	1239 latifolia.
	1240 angustifolia.
	1241 glauca.
	1242 oleæfolia.
Epigea	1243 repens.
Empetrum	1244 nigrum.
Ledum	1245 palustre.
Clethra	1246 alnifolia.
	1247 glauca.
Itea	1248 virginica.

CLASSIS. 9. ORDO 4. Cucurbitaceæ.

Sicyos	1249 angulosa.
Bryonia	1250 alba.
	1251 africana.
	1252 laciniata.
	1253 nova.
Melothria	1254 pendula.
Momordica	1255 balsamina.
	1256 elaterium.
Cucumis	1257 colocynthis.
	1258 prophetarum.
	1259 anguria.
	1260 acutangulus.
	1261 melo.
	1262 m. saccharinus.
	1263 chale.
	1264 dudaïm.
	1265 sativus.
	1266 flexuosus.
Cucurbita	1267 lagenaria.
	1268 pepo.
	1269 verrucosa.
	1270 compressa.
	1271 americana.
	1272 melo-pepo.
	1273 — pyriformis.
	1274 — orantiiformis.
	1275 citrullus.

CLASSIS

CLASSIS 9. ORDO 5. Campanulæ.

Michauxia	1276 campanulata.
Campanula	1277 rapunculus.
	1278 rotundifolia.
	1279 uniflora.
	1280 pyramidalis.
	1281 persicifolia.
	1282 trachelium.
	1283 glomerata.
	1284 medium.
	1285 perfoliata.
	1286 speculum.
	1287 hybrida.
	1288 erinus.
Trachelium	1289 cæruleum.
Lobelia	1290 cardinalis.
	1291 siphyllitica.
	1292 inflata.
Phyteuma	1293 spicata.
	1294 orbicularis.
Jasione	1295 montana.

CLASSIS 10.

DICOTYLEDONES MONOPETALES.

ORDO 1. Chicoraceæ.

Lapsana	1296 communis.
Chondrilla	1297 juncea.
Prenanthes	1298 pinnata.

D

	1299 purpurea.
	1300 muralis.
Lactuca	1301 perennis.
	1302 virosa.
	1303 scariola.
	1304 sativa.
	1305 capitata.
	1306 crispa.
Sonchus	1307 fruticosus.
	1308 cordifolius.
	1309 plumerii.
	1310 floridanus.
	1311 canadensis.
	1312 oleraceus.
	1313 alpinus.
Hieracium	1314 umbellatum.
	1315 sabaudum.
	1316 kalmii.
	1317 aurantiacum.
	1318 pilosella.
Crepis	1319 barbata.
	1320 aspera.
	1321 sibirica.
	1322 rubra.
	1323 pulchra.
	1324 dioscordis.
	1325 biennis.
	1326 zeilanica.
Hyoseris	1327 rhagadioloïdes.

	1328 hedypnoïs.
	1329 cretica.
	1330 lucida.
	1331 scabra.
Leontodon	1332 taraxacum.
Picris	1333 echioïdes.
	1334 hieracioïdes.
Scorsonera	1335 hispanica.
	1336 angustifolia.
	1337 laciniata.
	1338 tingitana.
Tragopogon	1339 majus.
	1340 picrioïdes.
	1341 crocifolium.
	1342 porrifolium.
Ceropogon	1343 glabrum.
Hypochæris	1344 radicata.
	1345 maculata.
	1346 glabra.
Seriola	1347 æthnensis.
	1348 cretensis.
	1349 urens.
Andryala	1350 lanata.
	1351 sinuata.
Catananche	1352 lutea.
	1353 cærulea.
Cichorium	1354 intybus.
	1355 indivia.
Scolymus	1356 hispanicus.

1357 maculatus.

CLASSIS 10.   ORDO 2.   Cinarocephalæ.

Cnicus   1358 centauroïdes.
Carduus   1359 syriacus.
                 1360 marianus.
                 1361 casabonæ.
                 1362 helenioïdes.
Onopordon   1363 acanthium.
                 1364 arabicum.
                 1365 illyricum.
                 1366 viride.
Cinara   1367 cardunculus.
                 1368 scolymus.
                 1369 s. inermis.
                 1370 s. violacens.
                 1371 s. viridis.
Carlina   1372 acaulis.
                 1373 corymbosa.
                 1374 lanata.
Atractylis   1375 cancellata.
Carthamus   1376 creticus.
                 1377 tinctorius.
                 1378 lanatus.
                 1379 salicifolius.
Arctium   1380 lappa.
                 1381 l. tomentosa.
Stæhelina   1382 dubia.
Serratula   1383 spicata.

	1384 tinctoria.
	1385 coronata.
	1386 noveboracensis.
	1387 centauroïdes.
	1388 præalta.
	1389 chamæpence.
	1390 heterophylla.
Zoëgea	1391 leptaurea.
Centaurea	1392 moschata.
	1393 m. lutea.
	1394 glauca.
	1395 centaurium.
	1396 africana.
	1397 montana.
	1398 cyanus.
	1399 ragusina.
	1400 cineraria.
	1401 candidissima.
	1402 ferox.
	1403 benedicta.
	1404 verutum.
	1405 salmantica.
	1406 crocodilium.
	1407 verutum.
Gorteria	1408 rigens.
Xeranthemum	1409 fulgidum.
	1410 inapertum.
	1411 annuum.
Echinops	1412 spherocephalus.

	1413 ritro.
	1414 spinosus.
Spherantus	1415 indicus.
Gundelia.	1416 tournefortii.

CLASSIS 10. ORDO 3. Corymbiferæ.

Tanacetum	1417 frutescens.
	1418 vulgare.
	1419 crispum.
	1420 annuum.
Balsamita	1421 major.
Carpesium	1422 cernuum.
Cotula	1423 tanacetifolia.
	1424 coronopifolia.
Bellis	1425 perennis.
Matricaria	1426 parthenium.
	1427 maritima.
	1428 chamomilla.
	1429 asteroides.
	1430 flosculosa.
Chrysanthemum	1431 corymbiferum.
	1432 frutescens.
	1433 serotinum.
	1434 indicum.
	1435 leucanthemum.
	1436 multifidum.
	1437 segetum.
	1438 coronarium.
	1439 carinatum.

Calendula	1440 officinalis.
	1441 pluvialis.
	1442 hispanica.
	1443 hybrida.
	1444 fruticosa.
Osteospermum	1445 moniliferum.
	1446 pinnatifidum.
Milleria	1447 quinqueflora.
Eriocephalus	1448 africanus.
Elephanthopus	1449 scaber.
Ageratum	1450 conyzoides.
Tagetes	1451 erecta.
	1452 patula.
	1453 papposa.
	1454 lucida.
Cacalia	1455 acetosæfolia.
	1456 papillaris.
	1457 anteuphorbia.
	1458 klemia.
	1459 ficoïdes.
	1460 cylindracea.
	1461 repens.
	1462 porophyllum.
	1463 alpina.
	1464 sonchifolia.
Chrysocoma	1465 linosyris.
	1466 graminifolia.
Baccharis	1467 ivæfolia.
	1468 halimifolia.

	1469 dioscoridis.
Conyza	1470 squarrosa.
	1471 saxatilis.
	1472 anthelmintica.
	1473 glutinosa.
Tussilago	1474 alpina.
	1475 farfara.
	1476 petasites.
	1477 flagrans.
Doronicum	1478 plantagineum.
	1479 pardalianches.
	1480 arnica.
Inula	1481 helenium.
	1482 britannica.
	1483 dyssenterica.
	1484 pulicaria.
	1485 salicina.
	1486 squarrosa.
	1487 crithmoïdes.
	1488 hirta.
Erigeron	1489 graveolens.
	1490 viscosum.
	1491 philadelphicum.
	1492 canadense.
	1493 acre.
Aster	1494 fruticosus.
	1495 tenellus.
	1496 tripolium.
	1497 alpinus.

1498 pyrenæus.
1499 amellus.
1500 amygdalinus.
1501 linariifolius.
1502 acris.
1503 trinervis.
1504 dracunculoïdes.
1505 amplexicaulis.
1506 novæ Angliæ.
1507 cordifolius.
1508 patulus.
1509 rubricaulis.
1510 tradescanti.
1511 longifolius.
1512 annuus.
1513 amænus.
1514 novi Belgii.
1515 salicifolius.
1516 tardiflorus.
1517 ericoïdes.
1518 grandiflorus.
1519 macrophyllus.
1520 miser.
1521 angustifolius.
1622 argenteus.
1523 sinensis.

Solidago   1524 sempervirens.
1525 s. latifolia.
1526 canadensis.

	1527 altissima.
	1528 a. reflexa.
	1529 a. subvillosa.
	1530 a. glabra.
	1531 hirsuta.
	1532 integrifolia.
	1533 mexicana.
	1534 bicolor.
	1535 flexicaulis.
	1536 latifolia.
	1537 virga aurea.
	1538 minuta.
	1539 rugosa.
	1540 rigida.
Cineraria	1541 alpina.
	1542 amelloïdes.
	1543 geifolia.
	1544 populifolia.
	1545 maritima.
	1546 cymbalarifolia.
Senecio	1547 cernuus.
	1548 viscosus.
	1549 jacobæa.
	1550 elegans.
	1551 el. flore pleno.
	1552 doria.
Othonna	1553 cheirifolia.
Eupatorium	1554 dalea.
	1555 cannabinum.

Stevia	1556	serrata.
Gnaphalium	1557	stœchas.
	1558	orientale.
	1559	dioïcum.
	1560	obtusifolium.
	1561	fœtidum.
	1562	margaritaceum.
Filago	1563	germanica.
	1564	arvensis.
Micropus	1565	supinus.
	1566	erectus.
Athanasia	1567	maritima.
	1568	annua.
Santolina	1569	chamæcyparissias.
	1570	rosmarinifolia.
	1571	canescens.
Anacyclus	1572	aureus.
	1573	valentinus.
	1574	creticus.
Anthemis	1575	maritima.
	1576	nobilis.
	1577	cotula.
	1578	pyrethrum.
	1579	tinctoria.
	1580	arabica.
	1581	altissima.
	1582	valentina.
Achillæa	1583	santolina.
	1584	ageratum.

	1585	clavennæ.
	1586	tomentosa.
	1587	ægyptiaca.
	1588	aurea.
	1589	macrophylla.
	1590	pubescens.
	1591	tanacetifolia.
	1592	pauciflora.
	1593	ptarmica.
	1594	alpina.
	1595	impatiens.
	1596	sibirica.
	1597	millefolium.
	1598	rosea.
Buphtalmum	1599	frutescens.
	1600	arborescens.
	1601	spinosum.
	1602	maritimum.
Sigesbeckia	1603	orientalis.
Baltimora	1604	erecta.
Galinsoga	1605	parviflora.
Eclypta	1606	erecta.
Alcina	1607	perfoliata.
Polymnia	1608	uvedalia.
Encelia	1609	limensis.
Ximenesia	1610	encelioides.
Bidens	1611	tripartita.
	1612	cernua.
	1613	frondosa.

	1614 pilosa.
	1615 nivea.
	1616 bullata.
Zinnia	1617 pauciflora.
	1618 multiflora.
	1619 grandiflora.
	1620 hybrida.
	1621 revoluta.
Verbesina	1622 alata.
	1623 nodiflora.
Spilanthus	1624 oleraceus.
	1625 brasiliana.
	1626 acmella.
Sanvitalia	1627 procumbens.
Coreopsis	1628 auriculata.
	1629 tripteris.
	1630 verticillata.
	1631 humilis.
	1632 alternifolia.
	1633 alata.
Rudbeckia	1634 laciniata.
	1635 purpurea.
	1636 hirta.
	1637 amplexicaulis.
Helianthus	1638 annuus.
	1639 multiflorus.
	1640 prostratus.
	1641 lævis.
	1642 tuberosus.

	1643 mollis.
	1644 altissimus.
	1645 divarigatus.
	1646 atro-rubens.
Helenium	1647 quadridentatum.
	1648 autumnale.
Sylphium	1649 laciniatum.
	1560 perfoliatum.
	1651 trifoliatum.
	1652 connatum.
	1653 therebintinaceum.
Arctotis	1654 plantaginea.
	1655 tristis.
	1656 aspera.
Tarchonanthus	1657 camphoratus.
Iva	1658 frutescens.
Artemisia	1659 vulgaris.
	1660 zeilanica.
	1661 campestris.
	1662 corymbosa.
	1663 abrotanum.
	1664 dracunculus.
	1665 cærulescens.
	1666 santonica.
	1667 maritima.
	1668 pontica.
	1669 absynthium.
	1670 glacialis.
	1671 sinensis.

          1672 palmata.
          1673 arborescens.
          1674 argentea.

Ambrosia   1675 absynthifolia.
          1676 trifida.

Xanthium   1677 strumarium.
          1678 spinosum.
          1679 orientale.

CLASSIS II.

DICOTYLEDONES MONOPETALES.

ORDO I.   Dipsaceæ.

Dipsacus   1680 fullonum.
          1681 pilosus.
          1682 laciniatus.

Scabiosa   1683 alpina.
          1684 syriaca.
          1685 leucantha.
          1686 rigida.
          1687 succisa.
          1688 arvensis.
          1689 montana.
          1690 columbaria.
          1691 sylvatica.
          1692 maritima.
          1693 sicula.
          1694 prolifera.
          1695 atro-purpurea.
          1696 africana.

	1697 cretica.
	1698 graminifolia.
	1799 orientalis.
	1700 centauroides.
Knautia	1701 orientalis.
Valeriana	1702 rubra.
	1703 dioïca.
	1704 officinalis.
	1705 phu.
	1706 locusta.

Classis ii. Ordo 2. Rubiaceæ.

Sherardia	1707 arvensis.
Asperula	1708 arvensis.
	1709 odorata.
	1710 cynanchica.
	1711 tinctoria.
Gallium	1712 verum.
	1713 mollugo.
	1714 rubioïdes.
	1715 aparine.
	1716 splendens.
	1717 spurium.
Crucianella	1718 latifolia.
	1719 mucronata.
	1720 patula.
Valantia	1721 aparine.
	1722 cruciata.
Rubia	1723 tinctorum.

Spermacoce

Spermacoce	1724 verticillata.
Phyllis	1725 nobla.
Hamellia	1726 patens.
Pæderia	1727 fœtida.
Gardenia	1728 florida.
Coffæa	1739 arabica.
Calycanthus	1730 præcox.
	1731 floridus.
Cephalanthus	1732 occidentalis.

CLASSIS II. ORDO 3. Caprifolia.

Linnæa	1733 borealis.
Lonicera	1734 parviflora.
	1735 caprifolium.
	1736 sempervirens.
	1737 quercifolia.
	1738 periclymenum.
	1739 tartarica.
	1740 nigra.
	1741 xylosteon.
	1742 pyrenaïca.
	1743 cærulea.
	1744 alpigena.
	1745 symphoricarpos.
	1746 diervilla.
Triosteum	1747 perfoliatum.
Viburnum	1748 tinus.
	1749 — latifolium.
	1750 — variegatum.

E

1751 nudum.
1752 lentago.
1753 prunifolium.
1754 pyrifolium.
1755 cassinoïdes.
1756 lantana.
1757 dentatum.
1758 opulus.
1759 — sterilis.
Sambucus 1760 ebulus.
1761 canadensis.
1762 nigra.
1763 laciniata.
1764 virescens.
1765 racemosa.
Cornus. 1766 sanguinea.
1767 alba.
1768 stricta.
1769 racemosa.
1770 circinnata.
1771 florida.
1772 mas.
1773 mas flava.
1774 alternifolia.
Hedera 1775 helix.
1776 variegata.

CLASSIS 12.

Dicotyledones polypetales.

Ordo 1. Araliæ.

| Aralia | 1777 spinosa. |
| | 1778 racemosa. |

Classis 12. Ordo 2. Umbelliferæ.

Ægopodium	1779 podagraria.
Apium	1780 petroselinum.
	1781 crispum.
	1782 graveolens.
	1783 celeri.
Pimpinella	1784 saxifraga.
	1785 magna.
	1786 anisum.
Carum	1787 carvi.
Anethum	1788 graveolens.
	1789 fœniculum.
Smyrnium	1790 olusatrum.
	1791 perfoliatum.
Pastinaca	1792 sativa.
	1793 oleracea.
	1794 opopanax.
Thapsia	1795 vilosa.
Seseli	1796 montanum.
	1797 glaucum.
	1798 ammoïdes.
	1799 tortuosum.

E 2

Chærophyllum	1800 aureum.
	1801 temulum.
	1802 sylvestre.
	1803 coloratum.
Scandix	1804 odorata.
	1805 pecten.
	1806 cerefolium.
Coriandrum	1807 sativum.
	1808 testiculatum.
Æthusa	1809 cynapium.
	1810 meum.
Cicuta	1811 virosa.
Phellandrium	1812 aquaticum.
Ænanthe	1813 fistulosa.
	1814 crocata.
Cuminum	1815 cyminum.
Bubon	1816 macedonicum.
	1817 galbanum.
Sison	1818 amomum.
Sium	1819 angustifolium.
	1820 latifolium.
	1821 falcaria.
	1822 sisarum.
Angelica	1823 archangelica.
	1824 sylvestris.
	1825 lucida.
	1826 verticillaris.
Ligustum	1827 levisticum.
	1828 peloponense.

	1829 pyræneum
Heracleum	1830 sphondilium.
	1831 tauricum.
	1832 angustifolium.
Laserpitium	1833 latifolium.
	1834 trilobum.
	1835 gallicum.
	1836 siler.
Ferula	1837 communis.
	1838 nodiflora.
	1839 orientalis.
Cachrys	1840 libanotis.
	1841 tomentosa.
Crithmum	1842 maritimum.
Peucedanum	1843 officinale.
	1844 silaus.
Athamantha	1845 libanotis.
	1846 condensata.
Selinum	1847 palustre.
	1848 carvifolium.
	1849 monieri.
Conium	1850 maculatum.
Bunium	1851 bulbocastanum.
Ammi	1852 majus.
Daucus	1853 visnasga.
	1854 carota.
	1855 sylvestris.
Caucalis	1856 grandiflora.
Tordylium	1857 officinale.

	1858 anthriseus.
	1859 nodosum.
Buplevrum	1860 rotundifolium.
	1861 gerardi.
	1862 semicompositum.
	1863 tenuissimum.
	1864 fruticosum.
Echinophora	1865 spinosa.
Eryngium	1866 planum.
	1867 maritimum.
	1868 alpinum.
	1869 campestre.
Astrantia	1870 major.
Sanicula	1871 europæa.
Hydrocotyle	1872 vulgaris.
Lagoëcia	1873 cuminoïdes.

CLASSIS 13.

DICOTYLEDONES POLYPETALES.

ORDO 1. Ranunculi.

Clematis	
	1874 viorna.
	1875 viticella.
	1876 orientalis.
	1877 vitalba.
	1878 virginiana.
	1879 flammula.
	1880 erecta.
	1881 integrifolia.

	1882 cirrhosa.
	1883 calycina.
	1884 balearica.
Atragene	1885 alpina.
Thalictrum	1886 foetidum.
	1887 cornuti.
	1888 sibiricum.
	1889 angustifolium.
	1890 flavum.
	1891 lucidum.
	1892 aquilegifolium.
Anemone	1893 hepatica.
	1894 — flore rubro pleno.
	1895 — flore cæruleo pleno.
	1896 pulsatilla.
	1897 narcissiflora.
	1898 alpina.
	1899 virginiana.
	1900 coronaria.
	1901 nemorosa.
	1902 ranunculoïdes.
Adonis	1903 vernalis.
	1904 æstivalis.
	1905 autumnalis.
Ranunculus	1906 flammula.
	1907 lingua.
	1908 ficaria.
	1909 glacialis.
	1910 auricomus.

	1911 sceleratus.
	1912 canadensis.
	1913 aconitifolius.
	1914 asiaticus.
	1915 repens.
	1916 bulbosus.
	1917 acris.
	1918 lanuginosus.
	1919 muricatus.
	1920 falcatus.
	1921 aquatilis.
Helleborus	1922 hyemalis.
	1923 niger.
	1924 viridis.
	1925 fœtidus.
	1926 corsicus.
Trollius	1927 europæus.
Isopyrum	1928 fumarioïdes.
Nigella	1929 damascena.
	1930 sativa.
	1931 arvensis.
	1932 orientalis.
Garidella	1933 nigellastrum.
Aquilegia	1934 viridiflora.
	1935 vulgaris.
	1936 canadensis.
Delphinium	1937 consolida.
	1938 ajacis.
	1939 grandiflorum.

	1940 elatum.
	1941 staphisagria.
Aconitum	1942 lycoctonum.
	1943 napellus.
	1944 anthora.
	1945 cammarum.
Caltha	1946 palustris.
Pæonia	1947 officinalis.
	1948 — lobata.
	1949 — ochranthemos.
	1950 feminea.
	1951 villosa.
	1952 tenuifolia.
Actaëa	1953 spicata.
	1954 racemosa.
Podophyllum	1955 peltatum.
Nymphæa	1956 alba.
	1957 lutea.

Classis 13. Ordo 2. Papavera.

Argemone	1958 mexicana.
	1959 — alba.
Papaver	1960 dubium.
	1961 rheas.
	1962 somniferum.
	1963 — hortense.
	1964 nudicaule.
	1965 orientale.
	1966 cambricum.

Chelidonium	1967 glaucum.
	1968 corniculatum.
	1969 majus.
Bocconia	1970 frutescens.
Sanguinaria	1971 canadensis.
Fumaria	1972 bulbosa.
	1973 lutea.
	1974 officinalis.
	1975 spicata.
	1976 fungosa.
Hypecoum	1977 procumbens.
Impatiens	1978 balsamina.
	1979 noli me tangere.

CLASSIS 13. ORDO 3. Cruciferæ.

Raphanus	1980 sativus.
	1981 — niger.
	1982 tortuosus.
Sinapis	1983 alba.
	1984 nigra.
	1985 juncea.
	1986 lœvigata.
Brassica	1987 eruca.
	1988 tournefortii.
	1989 erucastrum.
	1990 oleracea.
	1991 — sylvestris.
	1992 — sabellina.
	1993 — congloïdes.

	1994 — capitata.
	1995 rubra.
	1996 sempervirens.
	1997 rapa.
	1998 napus.
	1999 orientalis.
Turritis	2000 glabra.
	2001 hirsuta.
Arabis	2002 thaliana.
Hesperis	2003 matronalis.
	2004 tristis.
	2005 africana.
	2006 verna.
Cheiranthus	2007 erysimoïdes.
	2008 cheiri.
	2009 chius.
	2010 maritimus.
	2011 fenestralis.
	2012 sinnatus.
	2013 annuus.
	2014 græcus.
	2015 tricuspidatus.
Erysimum	2016 officinale.
	2017 barbarea.
	2018 — præcox.
	2019 alliaria.
Sysimbrium	2020 nasturtium.
	2021 jacobæifolium.
	2022 arenosum.

	2023 sophia.
	2024 irio.
	2025 strictissimum.
Cardamine	2026 petræa.
	2027 impatiens.
	2028 pratensis.
Dentaria	2029 pentaphyllos.
Lunaria	2030 rediviva.
	2031 annua.
Biscutella	2032 auriculata.
	2033 lævigata.
Clypæola	2034 jonthlaspi.
Peltaria	2035 alliacea.
Alyssum	2036 saxatile.
	2037 incanum.
	2038 sinuatum.
	2039 calycinum.
	2040 utriculatum.
Iberis	2041 semperflorens.
	2042 —— aurea.
	2043 umbellata.
	2044 amara.
Cochlearia	2045 officinalis.
	2046 supina.
	2047 coronopus.
	2048 armoracia.
	2049 draba.
Thlaspi	2050 arvense.
	2051 bursa pastoris.

Lepidium	2052 sativum.
	2053 s. crispum.
	2054 latifolium.
	2055 suffruticosum.
	2056 virginicum.
Draba	2057 aïzoïdes.
	2058 verna.
Vella	2059 annua.
Myagrum	2060 perenne.
	2061 orientale.
	2062 paniculatum.
	2063 sativum.
Crambe	2064 maritima.
	2065 hispanica.
Isatis	2066 tinctoria.
	2067 lusitanica.
	2068 alpina.
Bunias	2069 erucago.
	2070 balearica.
	2071 orientalis.
Kakile	2072 maritima.

CLASSIS 13. ORDO 4. Capparices.

Cleome	2073 pentaphylla.
	2074 triphylla.
	2075 viscosa.
Capparis	2076 spinosa.
Reseda	2077 lutea.
	2078 glauca.

	2079 luteola.
	2080 odorata.
Parnassia	2081 palustris.
Drosera	2082 rotundifolia.
Tropæolum	2083 majus.
	2084 — flore pleno.
	2085 minus.
Viola	2086 odorata.
	2087 hirta.
	2088 canina.
	2089 montana.
	2090 — flore pleno.
	2091 — flore albo.
	2092 tricolor.
	2093 — hortensis.
Passiflora	2094 lutea.
	2095 suberosa.
	2096 pholosericea.
	2097 cærulea.
	2098 incarnata.

CLASSIS 13. ORDO 5. Pauliniæ.

Cardiospermum	2099 halicacabum.
Paulinia	2100 aurea.
Sapindus	2101 saponaria.

CLASSIS 13. ORDO 6. Malpighiæ.

Coriaria	2102 myrthifolia.
Malpighia	2103 glabra.
Triopteris	2104 jamaicensis.

CLASSIS 13. ORDO 7. Vites.

Cissus	2105 quinquefolius.
Vitis	2106 uvifera.
	2107 — præcox.
	2108 laciniosa.
	2109 arborea.
	2110 labrusca.

CLASSIS 13. ORDO 8. Gerania.

Geranium	2111 fulgidum.
	2112 inquinans.
	2113 — roseum.
	2114 hybridum.
	2115 acetosum.
	2116 acerifolium.
	2117 cucullatum.
	2118 carnosum.
	2119 gibbosum.
	2120 peltatum.
	2121 zonale.
	2122 — variegatum.
	2123 vitifolium.
	2124 bicolor.
	2125 capitatum.
	2126 quercifolium.
	2127 viscosum.
	2128 radula.
	2129 — major.
	2130 therebinthinaceum.

2131 alchemilloïdes.
2132 tabulare.
2133 odoratissimum.
2134 anemonefolium.
2135 cordifolium.
2136 grossularioïdes.
2137 coriandrifolium.
2138 extipulatum.
2139 triste.
2140 ribifolium.
2141 alpinum.
2142 cicutarium.
2143 moschatum.
2144 pyrenaïcum.
2145 reflexum.
2146 macrorrhizum.
2147 phœum.
2148 sylvaticum.
2149 pratense.
2150 incanum.
2151 robertianum.
2152 geifolium.
2153 bohemicum.
2154 dissectum.
2155 carolinianum.
2156 sibiricum.
2157 sanguineum.
2158 reichardi.

Melochia   2159 pyramidata.

CLASSIS

CLASSIS 13. ORDO 9. Malvaceæ.

Sida	2160 frutescens.
	2161 carpinifolia.
	2162 angustifolia.
	2163 triquetra.
	2164 stellata.
	2165 grandiflora.
	2166 palmata.
	2167 indica.
	2168 abutilon.
	2169 asiatica.
	2170 cordifolia.
	2171 cristata.
	2172 occidentalis.
	2173 spinosa.
	2174 triloba.
	2175 umbellata.
Palava	2176 malvæfolia.
Malachra	2177 capitata.
Malva	2178 scoparia.
	2179 scabra.
	2180 americana.
	2181 limensis.
	2182 capensis.
	2183 virgata.
	2184 caroliniana.
	2185 rotundifolia.
	2186 parviflora.

	2187 nicensis.
	2188 verticillata.
	2189 alcea.
	2190 crispa.
	2191 moschata.
	2192 vitifolia.
Alcea	2193 rosea.
	2194 sinensis.
	2195 ficifolia.
Althæa	2196 officinalis.
	2197 narbonensis.
	2198 cannabina.
Gossypium	2199 arboreum.
	2200 religiosum.
	2201 herbaceum.
	2202 indicum.
Napæa	2203 lævis.
	2204 scabra.
Lavatera	2205 arborea.
	2206 micans.
	2207 olbia.
	2208 triloba.
	2209 maritima.
	2210 cretica.
	2211 lusitanica.
	2212 trimestris.
Urena	2213 lobata.
Hibiscus	2214 palustris.
	2215 moschentos.

2216 pentacarpos.

2217 rosa sinensis.

2218 spinifex.

2219 aristatus.

2220 ficulneus.

2221 manihot.

2222 cannabinus.

2223 abelmoschus.

2224 esculentus.

2225 sabdarifa.

2226 trionum.

2227 vesicularis.

2228 malvaviscus.

Stewartia 2229 malacodendron.
Thea 2230 bohea.

CLASSIS 13. ORDO 10. Hermanniæ.

Hermannia 2231 denudata.

2232 micans.

2233 hyssopifolia.

2234 grossularioïdes.

Guazuma 2235 ulmifolia.
Solandra 2236 lobata.
Oxalis 2237 acetosella.

2238 purpurea.

2239 pes capræ.

2240 bulbosa.

2241 incarnata.

2242 stricta.
2243 corniculata.

CLASSIS 13. ORDO 11. Tiliæ.

Corchorus   2244 olitorius.
     2245 æstuans.
     2246 siliquosus.
Heliocarpus   2247 americana.
Triumfetta   2248 appula.
Grewia   2249 orientalis.
     2250 occidentalis.
Tilia   2251 europæa.
     2252 sylvestris.
     2253 americana.
     2254 argentea.
     2255 multiflora.

CLASSIS 13. ORDO 12. Anonæ.

Lyriodendron   2256 tulipifera.
Magnolia   2257 grandiflora.
     2258 glauca.
     2259 acuminata.
     2260 tripetala.
Anona   2261 muricata.
     2262 triloba.
Illicium   2263 floridanum.
Menispermum   2264 canadense.
     2265 virginicum.

CLASSIS 13. ORDO 13. Lauri.

Laurus	2266 nobilis.
	2267 indica.
	2268 borbonia.
	2269 maderiensis.
	2270 benzoin.
	2271 sassafras.

CLASSIS 13. ORDO 14. Berberides.

Hamamelis	2272 virginiana.
Berberis	2273 vulgaris.
	2274 canadensis.
	2275 cretica.
	2276 sinensis.
Epimedium	2277 alpinum.

CLASSIS 13. ORDO 16. Rutæ.

Tribulus	2278 terrestris.
	2279 cistoïdes.
Fagonia	2280 cretica.
Zigophyllum	2281 fabago.
Scotia	2282 speciosa.
Diosma	2283 rubra
	2284 ericoides.
Ruta	2285 graveolens.
	2286 sylvestris.
	2287 ciliata.
Peganum	2288 harmala.

Dictamus	2289 albus.
	2290 fraxinella.

Classis 13. Ordo 16. Cisti.

Cistus	2291 niloticus.
	2292 glutinosus.
	2293 helianthemum.
	2294 angustifolius.
	2295 apenninus.
	2296 roseus.
	2297 guttatus.
	2298 ledifolius.
	2299 lævipes.
	2300 halimifolius.
	2301 monspeliensis.
	2302 symphitifolius.
	2303 creticus.
	2304 albidus.
	2305 salvifolius.
	2306 salicifolius.
	2307 villosus.
	2308 incanus.
	2309 crispus.
	2310 purpureus.
	2311 ladaniferus.

Classis 9. Ordo 17. Hyperica.

Hypericum	2312 crispum.
	2313 nummularium.

2314 calycinum.
2315 perforatum.
2316 quadrangulum.
2317 androsæmum.
2318 hircinum.
2319 frutescens.
2320 kalmianum.
2321 balearicum.
2322 marylandicum.

CLASSIS 13. ORDO 18. Cariophylleæ.

Ortegia   2323 hispanica.
Lœfflingia   2324 hispanica.
Holosteum   2325 umbellatum.
Sagina   2326 procumbens.
Alsine   2327 media.
Gypsophylla   2328 viscosa.
              2329 altissima.
              2330 perfoliata.
              2331 paniculata.
Saponaria   2332 officinalis.
              2333 vaccaria.
              2334 porrigens.
Dianthus   2335 barbatus.
              2336 cariophyllus.
              2337 versicolor.
              2338 sineusis.
Arenaria   2339 media.
              2340 rubra.

F 4

Stellaria	2341 holostea.
Silene	2342 gallica.
	2343 lusitanica.
	2344 quinquevulnera.
	2345 nocturna.
	2346 anglica.
	2347 nicensis.
	2348 nutans.
	2349 fruticosa.
	2350 amœna.
	2351 muscipula.
	2352 gigantea.
	2353 bupleuroïdes.
	2354 conica.
	2355 pendula.
	2356 noctiflora.
	2357 atocion.
	2358 cretica.
	2359 inaperta.
	2360 ægyptiaca.
	2361 armeria.
Cucubalus	2362 bacciferus.
	2363 tartaricus.
	2364 sibiricus.
Lychnis	2365 chalcedonica.
	2366 flos cuculi.
	2367 — flore pleno.
Githago	2368 segetum.
Agrostema	2369 coronaria.

	2370 cœli rosa.
Cerastium	2371 perfoliatum.
	2372 tomentosum.
Spergula	2373 arvensis.
Linum	2374 usitatissimum.
	2375 alpinum.
	2376 perenne.

CLASSIS 14.

DICOTILEDONES POLYPETALES.

ORDO 1. Semperviva.

Crassula	2377 imbricata.
	2378 coccinea.
	2379 perfoliata.
	2380 tetragona.
	2381 acutifolia.
	2382 punctata.
	2383 perfossa.
	2384 lucida.
	2385 cotyledon.
Cotyledon	2386 orbicularis.
	2387 portulacea.
	2388 umbilicus.
Rhodiola	2389 rosea.
Sedum	2390 telephium.
	2391 anacampseros.
	2392 aïzoon.
	2393 stellatum.
	2394 cepæa.

	2395 populifolium.
	2396 reflexum.
	2397 rupestre.
	2398 daziphyllum.
	2399 album.
	2400 hexangulare.
	2401 acre.
Sempervivum	2402 tectorum.
	2403 globiferum.
	2404 montanum.
	2405 arachnoïdeum.
	2406 arboreum.
Forskalea	2407 tenacissima.
Tetragonia	2408 cornuta.
Aizoon	2409 canariense.
	2410 hispanicum.
Mesembrianthe-	
mum.	2411 cristallinum.
	2412 pinnatifidum.
	2413 cordifolium.
	2414 deltoïdeum.
	2415 uncinatum.
	2416 acinaciforme.
	2417 glaucum.
	2418 violaceum.

CLASSIS 14. ORDO 2. Saxifragæ.

Heuchera	2419 americana.
Saxifraga	2420 pyramidalis.

2421 cotyledon.
2422 crassifolia.
2423 hirsuta.
2424 tridactylites.
2425 rotundifolia.
2426 petræa.
2427 sarmentosa.
Chrysosplenium 2428 oppositifolium.
2429 alternifolium.
Hydrangæa 2430 glauca.
2431 arborescens.
Hortensia 2432 japonica.

CLASSIS 14. ORDO 3. Cacti.

Ribes 2433 rubrum.
2434 nigrum.
2435 alpinum.
2436 diacantha.
2437 uva crispa.
Cactus 2438 cylindricus.
2439 curassavicus.
2440 humilis.
2441 ficus indica.
2442 opuntia.
2443 tuna.
2444 — albicans.
2445 — flavicans.
2446 spinosissimus.
2447 peruvianus.

2448 monstruosus.
2449 tetragonus.
2450 grandiflorus.
2451 flagelliformis.

Classis 14. Ordo 4. Portulacæ.

Portulaca   2452 sativa.
               2453 anacampseros.
               2454 paniculata.
Claytonia   2455 portulacoïdes.
Lopezia   2456 racemosa.

Classis 14. Ordo 5. Onagræ.

Circæa   2457 lutetiana.
Gaura   2458 biennis.
               2459 mutabilis.
Ænothera   2460 biennis.
               2461 longiflora.
               2462 sinuata.
               2463 mollissima.
               2464 rosea.
Cercodea   2465 erecta.
Epilobium   2466 antonianum.
               2467 tetragonum.

Classis 14. Ordo 6. Myrthi.

Philadelphus   2468 coronarius.
               2469 nanus.
               2470 inodorus.
Punica   2471 granatum.

	2472 — flore pleno.
Myrthus	2473 communis.
	2474 — latifolia.
	2475 — boetica.
	2476 — flore pleno.
	2477 — folio variegato.

Classis 14. Ordo 7. Salicariae.

Lythrum	2478 salicaria.
	2479 virgatum.
Cuphea	2480 viscosa.

Classis 14. Ordo 8. Rosaceae.

Agrimonia	2481 eupatorium.
	2482 odorata.
Tormentilla	2483 erecta.
Potentilla	2484 fruticosa.
	2485 anserina.
	2486 multifida.
	2487 rupestris.
	2488 pensylvanica.
	2489 supina.
	2490 argentea.
	2491 verna.
Fragaria	2492 vulgaris.
	2493 — semperflorens.
	2494 moschata.
	2495 chiloensis.
Comarum	2496 palustre.
Geum	2497 urbanum.

	2498 montanum.
	2499 canadense.
Dryas	2500 octopetala.
Spiræa	2501 ulmaria.
	2502 lobata.
	2503 trifoliata.
	2504 filipendula.
	2505 aruncus.
	2506 salicifolia.
	2507 lævigata.
	2508 tomentosa.
	2509 hypericifolia.
	2510 crenata.
	2511 opulifolia.
	2512 sorbifolia.
	2513 chamædryfolia.
Rubus	2514 idæus.
	2515 occidentalis.
	2516 fruticosus.
	2517 — flore pleno.
	2518 cæsius.
	2519 odoratus.
Rosa	2520 rubiginosa.
	2521 burgundiaca.
	2522 eglanteria.
	2523 cinammomea.
	2524 arvensis.
	2525 spinosissima.
	2526 pimpinellifolia.

2527 carolina.
2528 villoso.
2529 francofurtensis.
2530 sinica.
2531 sempervirens.
2532 glauca.
2533 centifolia.
2534 muscosa.
2535 maxima.
2536 semperflorens.
2537 versicolor.
2538 alpina.
2539 gallica.
2540 alba.
2541 pendulina.
2542 moschata.

Crathegus   2543 dentata.
2544 aria.
2545 chamæmespylus.
2546 torminalis.
2547 arbutifolia.

Mespylus   2548 oxyacantha.
2549 —— fructu luteo.
2550 —— flore pleno.
2551 rubra.
2552 azarolus.
2553 tanacetifolia.
2554 axillaris.
2555 corallina.

	2556 coccinea.
	2557 pyrifolia.
	2558 pyracantha.
	2559 germanica.
	2560 acerefolia.
	2561 linearis.
	2562 crus galli.
	2563 cotoneaster.
	2564 tomentosa.
Sorbus	2565 aucuparia.
	2566 hybrida.
	2567 domestica.
Pyrus	2568 polverina.
	2569 spectabilis.
	2570 sylvestris.
	2571 communis.
	2572 pompeiana.
	2573 baccata.
	2574 salicifolia.
	2575 rucescens.
	2576 liquescens.
Malus	2577 sylvestris.
	2578 prasomilla.
	2579 calvillea.
	2580 coronaria.
	2581 sempervirens.
	2582 hybrida.
Cydonia	2583 lusitanica.
Amygdalus	2584 persica.

2585

2585 flore pleno.
2586 amara.
2587 — flore pleno.
2588 communis.
2589 orientalis.
2590 nana.
Cerasus
2591 americana.
2592 lauro-cerasus.
2593 lusitanica.
2594 padus.
2595 virginiana.
2596 canadensis.
2597 mahaleb.
2598 vulgaris.
2599 — bigarella.
2600 — pumila.
2601 — caproniana.
2602 avium.
2603 polygama.
2604 durachna.
2605 juliana.
2606 austera.
Prunus
2607 sinensis.
2608 sylvestris.
2609 insititia.
2610 amygdalina.
2611 domestica abortiva.
2612 — cerea.
2613 — cereola.

G

2614 — mirobolana.
2615 — acinaria.
2616 — damascena.
2617 — hungarica.
2618 — compressa.
2619 — armeniaca.
2620 — nigra.
2621 — dulcis.

CLASSIS 14.   ORDO 9.   Rhamni.

Rhamnus   2622 catharticus.
               2623 frangula.
               2624 sempervirens.
               2625 alaternus.
               2626 — aureus.
               2627 — argenteus.
Paliurus   2628 spinosus.
Ziziphus   2629 syvestris.
               2630 sinensis.
               2631 sativus.
Phylica   2632 ericoïdes.
               2633 plumosa.
               2634 rosmarinifolia.
Ceanothus   2635 africanus.
               2636 americanus.
Celastrus   2637 scandens.
               2638 buxifolius.
               2639 hispanicus.
Evonymus   2640 europæus.

	2641 — albus.
	2642 latifolius.
	2643 atro-purpureus.
	2644 americanus.
	2645 verrucosus.
Staphylea	2646 pinnata.
	2647 trifoliata.
Cassine	2648 capensis.
Euclea	2649 racemosa.
Ilex	2650 aquifolium.
	2651 balearicum.
Prinos	2652 verticillatus.

CLASSIS 14. ORDO 10. Leguminosæ.

Ceratonia	2653 siliqua.
Tamarindus	2654 indica.
Gleditzia	2655 triacanthos.
	2656 sinensis.
	2657 inermis.
	2658 monosperma.
Mimosa	2659 angustisiliqua.
	2660 leucocephala.
	2661 lebbeck.
	2662 farnesiana.
	2663 pudica.
Guillandina	2664 dioïca.
Poinciana	2665 pulcherrima.
Cassia	2666 corymbosa.
	2667 obtusifolia.

	2668 falcata.
	2669 occidentalis.
	2670 fistula.
	2671 senna.
	2672 tomentosa.
	2673 marylandica.
Parkinsonia	2674 aculeata.
Sophora	2675 japonica.
	2676 tetraptera.
Cercis	2677 siliquastrum.
	2678 canadense.
Anagyris	2679 fœtida.
Ulex	2680 europæus.
Genista	2681 sagittalis.
	2682 candicans.
	2683 tinctoria.
Spartium	2684 junceum.
Citisus	2685 sessilifolius.
	2686 nigricans.
	2687 laburnum.
	2688 —— latifolium.
	2689 cajan.
	2690 hirsutus.
	2691 argenteus.
	2692 austriacus.
Anonis	2693 fruticosa.
	2694 arvensis.
	2695 altissima.
Crotalaria	2696 incana.

	2697	purpurascens.
Anthyllis	2698	barba jovis.
	2699	hermanniæ.
	2700	montana.
	2701	vulneraria.
Melilotus	2702	cæruleus.
	2703	officinalis.
	2704	sibiricus.
	2705	creticus.
Trifolium	2706	luxurians.
	2707	pratense.
	2708	fragiferum.
Psoralea.	2709	bituminosa.
	2710	palestina.
	2711	glandulosa.
Dalea	2712	alba.
Medicago	2713	arborea.
	2714	sativa.
	2715	tornata.
	2716	marina.
Lotus	2717	tetragonalobus.
	2718	jacobæus.
	2719	rectus.
	2720	hirsutus.
Trigonella	2721	fænum græcum.
Dolychos	2722	lablab.
	2723	lignosus.
	2724	sesquipedalis.
Phaseolus	2725	vulgaris.

G 3

	2726	coccineus.
	2727	caracalla.
Arachis	2728	hypogea.
Lupinus	2729	albus.
	2730	varius.
Lathyrus	2731	sativus.
	2732	odoratus.
	2733	clymenum.
	2734	latifolius.
Pisum	2735	sativum.
	2736	umbellatum.
	2737	nanum.
Orobus	2738	vernus.
	2739	tuberosus.
	2740	niger.
Cicer	2741	arietinum.
Vicia	2742	nissoliana.
	2743	bengalensis.
	2744	sativa.
Faba	2745	major.
	2746	viridis.
	2747	equina.
Ervum	2748	lens.
Scorpiurus	2749	muricata.
Ornithopus	2750	compressus.
Hippocrepis	2751	multisiliqua.
Æschynomene	2752	sesban.
Hedysarum	2753	junceum.
	2754	canadense.

	2755 coronarium.
Onobrychis	2756 pratensis.
	2757 crista galli.
	2758 caput galli.
Coronilla	2759 emerus.
	2760 juncea.
	2761 glauca.
	2762 minima.
	2763 securidaca.
	2764 varia.
Amorpha	2765 fruticosa.
Glycirrhiza	2766 echinata.
	2767 glabra.
Galega	2768 officinalis.
Indigofera	2769 tinctoria.
Robinia	2770 inermis.
	2771 pseudo-acacia.
	2772 hispida.
	2773 viscosa.
	2774 athagana.
	2775 caragana.
	2776 pygmæa.
	2777 frutescens.
	2778 ferox.
	2779 cham-lagu.
	2780 spinosa.
	2781 holodendron.
Phaca	2782 australis.
Colutea	2783 arborescens.

2784 orientalis.
2785 halepica
2786 frutescens.

Abrus   2787 precatorius.
Glycine   2788 apios.
2789 frutescens.

Astragalus   2790 alopecurioïdes.
2791 sulcatus.
2792 galegiformis.
2793 falcatus.
2794 cicer.
2795 asper.
2796 tragacantha.
2797 bœticus.
2798 hamosus.

CLASSIS 14. ORDO 11. Meliæ.

Melia   2799 azedarach.
2800 azadirachta.

CLASSIS 14. ORDO 12. Aurantia.

Citrus   2801 medica.
2802 — cedra.
2803 — tuberosa.
2804 — balotin.
2805 — limon.
2806 — lim. florentina.
2807 aurantium.
2808 — olyssiponense.
2809 — violaceum.

2810 — multiflorum.
2811 — lunatum.
2812 — sinense.
2813 — pampelmons.
2814 — maximum.
2815 — bergamium.

CLASSIS 14. ORDO 13. Aceres.

Fraxinus   2816 excelsior.
2817 — argentea.
2818 — verrucosa.
2819 — jaspidea.
2820 — pendula.
2821 ornus.
2822 rotundifolia.
2823 sambucifolia.
2824 juglandifolia.

Acer   2825 tartaricum.
2826 laciniatum.
2827 canadense.
2828 creticum.
2829 monspesullanum.
2830 campestre.
2831 — variegatum.
2832 opalus.
2833 pensylvanicum.
2834 pseudo-platanus.
2835 platanoïdes.
2836 laciniatum.

	2837 saccharinum.
	2838 negundo.
	2839 tomentosum.
	2840 rubrum.
	2841 hybridum.
	2842 opulifolium.
Æsculus	2843 hippocastanum.
	2844 pavia.
	2845 — lutea.

CLASSIS 14.   ORDO 14.   Therebinthi.

Cneorum	2846 tricoccum.
Ptelea	2847 trifoliata.
Rhus	2848 coriaria.
	2849 tiphynum.
	2850 toxicodendron.
	2851 angustifolium.
	2852 virginicum.
	2853 cotynus.
Aylanthus	2854 glandulosa.
Schinus	2855 molle.
Pistacia	2856 trifoliata.
	2857 lentiscus.
Zanthoxilum	2858 trifoliatum.
	2859 clava-herculis.
Juglans	2860 regia.
	2861 serotina.
	2862 fraxinifolia.
	2863 alba.

2864 compressa.
2865 cathartica.
2866 olivæformis.
2867 cinerea.
2868 nigra.
Myrica   2869 cerifera.
2870 pensylvanica.
2871 gale.

CLASSIS 15. DICLINES IRREGULARES.

ORDO 1. Amentaceæ.

Salix   2872 rubens.
2873 vitellina.
2874 babylonica.
2875 pentandra.
2876 caprea.
2877 viminalis.
Populus   2878 alba.
2879 tremula.
2880 cordata.
2881 fastigiata.
2882 balsamifera.
2883 heterophylla.
Platanus   2884 occidentalis.
2885 acerifolius.
2886 orientalis.
Liquidambar   2887 styraciflua.
Betula   2888 alba.

	2889	nigra.
	2890	lenta.
	2891	alnus.
Carpinus	2892	betulus.
	2893	ostrya.
Fagus	2894	sylvatica.
	2895	castanea.
	2896	— sativa.
Quercus	2897	ilex.
	2898	suber.
	2899	coccifera.
	2900	fastigiata.
	2901	robur.
Corylus	2902	sativa.
	2903	— avellana.
	2904	— vulgaris.
Ulmus	2905	campestris.
	2906	— variegata.
	2907	polygama.
	2908	crenata.
	2909	pumila.
Celtis	2910	australis.
	2911	occidentalis.
	2912	orientalis.
	2913	americana.
	2914	cordata.

Classis 15. Ordo 2. Urticæ.

Ficus	2915 carica.
	2916 — violacea.
Morus	2917 alba.
	2918 hispanica.
	2919 nigra.
	2920 papyrifera.
	2921 canadensis.
Urtica	2922 nivea.
	2923 cannabina.
Humulus.	2924 lupulus.
Cannabis	2925 sativa.
Datisca	2926 cannabina mas.
	2927 — fœmina.

Classis 15. Ordo 3. Euphorbiæ.

Mercurialis	2928 perennis.
Acalypha	2929 virginiana.
Euphorbia	2930 lathyris.
	2931 paralias.
	2932 sylvatica.
	2933 fruticosa.
	2934 heterophylla.
	2935 caput medusæ.
	2936 neriifolia.
	2937 officinarum.
Buxus	2938 sempervirens.
	2939 — suffruticosa.

	2940	variegata.
	2941	balearica.
Andrachne	2942	telephioïdes.
Clutia	2943	pulchella.
	2944	alaternoïdes.
Ricinus	2945	communis.
	2946	ruber.
Jatropha	2947	gossypifolia.
Croton	2948	sebiferum.
	2949	tinctorium.
Sterculia	2950	platanifolia.

CLASSIS 15. ORDO 4. Coniferæ.

Ephedra	2951	distachia.
	2952	monostachia.
	2953	altissima.
Casuarina	2954	equisetifolia.
Taxus	2955	baccata.
Juniperus	2956	communis.
	2957	— italica.
	2958	occicedrus.
	2959	bermudiana.
	2960	suedica.
	2961	capensis.
	2962	virginiana.
	2963	phœnicea.
	2964	sabina.
	2965	thurifera.
Cupressus	2966	expansa.

2967 fastigiata.
2968 pendula.
2969 disticha.
2970 thuyoïdes.
2971 juniperoïdes.
Thuya 2972 quadrivalvis.
2973 occidentalis.
2974 orientalis.
Abies 2975 taxifolia.
2976 balsamea.
2977 Hemlokspruk.
2978 canadensis.
2979 — nigricans.
2980 — rubra.
2981 picea.
Pinus 2982 sylvestris.
2983 rubra.
2984 mugho.
2985 altissima.
2986 echinata.
2987 tœda.
2988 maritima.
2989 racemosa.
2990 halepica.
2991 pinea.
2992 virginica.
2993 quadrifolia.
2994 cembra.
2995 strobus.

Larix

2996 europæa.
2997 sibirica.
2998 americana.
2999 cedrus.